Gudrun Hettinger

Clowns in der Manege

Tolle Fensterbilder

CHRISTOPHORUS
BRUNNEN-REIHE

SEIT MEHR ALS 30 JAHREN STEHT DER NAME „CHRISTOPHORUS" FÜR KREATIVES UND KÜNSTLERISCHES GESTALTEN IN FREIZEIT UND BERUF. GENAUSO WIE DIESER BAND DER BRUNNEN-REIHE IST JEDES CHRISTOPHORUS-BUCH MIT VIEL SORGFALT ERARBEITET: DAMIT SIE SPASS UND ERFOLG BEIM GESTALTEN HABEN – UND FREUDE AN SCHÖNEN ERGEBNISSEN.

ISBN 3-419-56013-3

Fotos:Roland Krieg, Waldkirch
Zeichnungen: Carsten Schorn, Freiburg
Umschlaggestaltung: Network!, München
Produktion: Print Production, Umkirch
Druck: Freiburger Graphische Betriebe, 1998

CHRISTOPHORUS
Bücher mit Ideen

Inhalt

Manege frei für freche Clowns!

Clowns begeistern groß und klein. Sie stimmen uns fröhlich und bringen uns zum Schmunzeln oder zum herzhaften Lachen. Sie verbreiten Frohsinn, Lebendigkeit und Farbe, sie sind einfach liebenswert!
Worin mag diese Faszination wohl liegen? Ist es die Erscheinung, die knollige Nase, der übergroße Mund, die struppigen Haare oder der Haarkranz mit Glatze, die meist viel zu weiten Hosen und die riesengroßen Schuhe, der tolpatschige Schritt?
Es sind wohl die vielen unterschiedlichen Facetten, die uns so gut gefallen.

Ich würde mich sehr freuen, Ihnen, Ihren Kindern, der Familie und Freunden mit meinen Clowns etwas Fröhlichkeit in Ihr Zuhause zu bringen.
Probieren Sie es einfach aus, jeder Clown wird „Ihr besonderer Clown" sein, jeder wird eine andere Ausstrahlung haben.
Besonders viel Freude am gelungenen Ergebnis wünscht Ihnen und allen, die Clowns in ihr Herz geschlossen haben,

herzlichst Ihre

Material und Technik

Tonkarton und Tonpapier
Tonkarton ist stärker als Tonpapier und eignet sich daher besser für große Fensterbilder bzw. einseitig gestaltete Motive. Beide gibt es durchgefärbt in vielerlei Farben (Papierstärke ca. 130 g und ca. 300 g).
Regenbogen-Tonkarton gibt es in verschiedenen Farbschattierungen. Wenn Sie ganz gezielt die Farbeffekte ausnützen, ist dieses Papier sicherlich ein interessantes Gestaltungselement.

Zuschneiden
Exakte Kanten erhalten Sie nur, wenn mit dem richtigen Schneidewerkzeug gearbeitet wird. Eine gut schneidende, spitze Schere für Rundungen, eine Nagel- oder Silhouettenschere sowie ein Papierschneidemesser (Skalpell) oder Cutter sind wichtige Hilfen. Ebenfalls notwendig ist eine gute Schneideunterlage, z.B. Cut-Platte oder fester Karton.
Gerade Linien erzielen Sie mit einem Papierschneidemesser und einem Metallineal. Kreisschneider, Lochzange sowie ein Bürolocher und Motivstanzer lassen sich ebenso für gestalterische Details verwenden.

Vorder- und Rückseite des Motivs
Die von beiden Seiten sichtbaren Motive sollten sowohl von der Vorder- als auch von der Rückseite deckungsgleich gearbeitet werden. Die Teile doppelt, jedoch einmal spiegelverkehrt zuschneiden und jeweils in der gleichen Reihenfolge anordnen.
Zeichnerische Ergänzungen wie z.B. Pupillen und Innenlinien können mit dünnen Filz-, Bunt- oder Lackstiften vorgenommen werden.

Aufhängung
- Bei doppelseitiger Gestaltung wird zwischen die beiden Teile ein dünner Faden eingeklebt.
- Den Faden knapp am Rand des Fensterbildes mit einer Nadel durchziehen.
- Das Fensterbild direkt mit einem durchsichtigen, doppelseitigen Klebestreifen am Fenster befestigen. Hier kann jedoch beim Ablösen das Fensterbild leicht beschädigt werden.

Schritt für Schritt zum Fensterbild

❶ Zur Herstellung einer Schablone das Transparentpapier auf die gewünschte Vorlage legen und die Motive nebeneinander ohne Überschneidungen durchpausen. Auf einen dünnen Karton kleben und ausschneiden.

❷ Die Schablone auf den Tonkarton in der gewünschten Farbe legen und die Umrisse mit einem weichen Bleistift übertragen. Die aufgezeichneten Einzelteile mit einer Schere ausschneiden.

❸ Die ausgeschnittenen Teile anordnen, evtl. vorher auf der Vorlage positionieren. Danach mit wenig Klebstoff fixieren. Abschließend mit Filz-, Bunt- oder Lackstiften die Ergänzungen aufzeichnen.

Tip:

Durch Fotokopieren der Vorlage mit etwas stärkerem Papier ist das Durchpausen und Aufkleben des Motivs nicht mehr erforderlich. Überschneidende Motive mehrmals kopieren.

Löwenbändigung

Material

- **Tonkarton in Beige, Braun, Weiß, Orange, Haut, Gelb, Schwarz**
- **Regenbogenkarton**
- **Klebepunkt, 12 mm ∅**

Hilfsmittel

- **Motivlocher Herzchen**

Vorlagen

A1 und A2

Löwe

❶ Die einzelnen Teile vom Vorlagebogen übertragen und ausschneiden. Auf den Löwenkörper die Mähne aufkleben. Das Ohr am Kopfteil anschneiden und die Mähne dazwischenschieben. Danach das braune Schwanzende befestigen.

❷ Klebepunkte für das Auge anbringen.

❸ Zuerst die Zunge, dann das Schnauzenteil und zuletzt das Schnäuzchen aufkleben.

Clown

❶ Das Körperteil (ein Zuschnitt) aus Regenbogenkarton anfertigen, darauf den Kragen festkleben.

❷ Das Haarteil hinter den Kopf kleben. Mund-, Augenteile und Nase sowie das Hütchen befestigen und auf dem Kragen fixieren.

❸ Hände und Schuhe hinter Arme und Beine kleben.

❹ Herzchen mit dem Motivlocher ausstanzen und zusammen mit den Knöpfen anordnen.

❺ Nun noch die Feinheiten, wie Pupillen und Bäckchen usw., aufmalen und den Clown auf den Löwen setzen.

Tip

Für die Augen habe ich häufig weiße und schwarze Klebepunkte (8 mm und 12 mm ∅) verwendet. Sie ermöglichen ein exaktes und einfaches Arbeiten. Erhältlich sind diese Klebepunkte in verschiedenen Farben und Größen im Schreibwarenhandel.
Setzen Sie mit einem weißen Lackstift Lichtpunkte in die Pupillen, so wirken die Augen lebendiger.

Giraffenrutschbahn

Material

- **Tonkarton in Regenbogenfarbe, Gelb, Braun, Grün, Haut, Blau, Weiß**
- **Klebepunkte, 8, 12 mm ∅**

Hilfsmittel

- **Filz- oder Lackstift**

Vorlagen

B1 und B2

Giraffe

❶ Den Giraffenkörper aus Tonkarton zuschneiden.

❷ Hufe, Flecken und Hörner aus braunem Tonkarton zuschneiden und aufkleben. Weißer Klebepunkt fürs Auge plazieren, Pupille, Ohr und Mund sowie sonstige Linien mit Filzstiften aufzeichnen.

Clown

❶ Die einzelnen Teile vom Vorlagebogen übertragen und ausschneiden.

❷ Auf die Hose das Jäckchen, die Ärmel und dahinter die Hände kleben.

❸ Auf dem Kopf das Mundteil, die Nase und weiße Klebepunkte für die Augen plazieren. Nun die Haare und darauf die Mütze anordnen.

❹ Die Schleife mit gelbem Punkt anbringen und die Schuhe hinter die Hosenbeine kleben.

❺ Abschließend die Feinheiten, wie Punkte auf der Fliege, Pupillen, Mund, Karomuster der Mütze usw., mit Filzstiften oder weißem Lackstift aufmalen.

❻ Den Clown auf die Giraffe setzen und festkleben.

Nun kann's losgehen!

Tip

Wenn Sie Fensterbilder am Faden aufhängen, so balancieren Sie das Motiv zwischen Daumen und Zeigefinger aus, bis Sie das Gleichgewicht herausgefunden haben. Bei beidseitig gestalteten Motiven kann der Faden dazwischengeklebt werden. Verwenden Sie einen farblich passenden Faden oder einen dünnen Perlonfaden.

Supertrio

Material
- Tonkarton in Regenbogenfarbe, Weiß, Schwarz, Orange, Haut, Erika, Lila

Hilfsmittel
- Lochzange

Vorlagen
CI–3

Alle drei Clowns werden einzeln gefertigt und anschließend zusammengeklebt.

❶ Alle Einzelteile vom Vorlagebogen übertragen und zuschneiden.

❷ Auf die Hose, das Hemdchen, darauf die Jacke und den großen weißen Kragen kleben. Hinter den Ärmel die Arme mit den Handschuhen fixieren.

❸ Nun folgt der Kopf. Zuerst Augen- und Mundteile sowie die Nase und Haare aufkleben und den fertigen Kopf auf dem Kragen befestigen.

❹ Schuhe hinter die Hosenbeine kleben. Bunte Punkte mit der Lochzange ausstanzen und als Knöpfe und Verzierung auf Hemd und Jacke mit wenig Klebstoff fixieren.

❺ Nun noch die Streifen, Karo und Ringe auf die Hosen mit Filzstiften aufmalen, ebenso die Pupillen und sonstige Ergänzungen vornehmen.

❻ Jetzt das Trio an den Händen verbinden, und schon können sie ihre Akrobatikstellung einnehmen.

Tip
Wenn Sie ein Fensterbild von zwei Seiten deckungsgleich arbeiten möchten, können Sie statt des Tonkartons auch das dünnere Tonpapier verwenden. Das gilt auch für Details, die aufgeklebt werden.
Wenn die Zeichnungen, z.B. Mund und Augen und aufgesetzte Teile, durchscheinen, müssen diese auf der Rückseite exakt an der gleichen Stelle angebracht werden. Dies ist möglich, wenn Sie die fertige Seite gegen das Fenster drücken und die durchscheinenden Linien auf der Rückseite deckungsgleich nachzeichnen bzw. aufkleben.

Einradkünstler

Material

- **Tonkarton in Gelb, Weiß, Blau, Rot, Orange, Silber, Schwarz, Haut**

Hilfsmittel

- **Zackenschere**
- **Motivlocher**
- **Kreisschneider**
- **Lochzange**

Vorlage D

1 Sämtliche Einzelteile vom Vorlagebogen übertragen und ausschneiden.

2 Auf das Jackenteil am besten vor dem Zusammenkleben mit Filzstift das rote Karo aufmalen, ebenso die roten Streifen für die Strümpfe.

3 Auf die Flickenhose das Hemd mit Knöpfen und darauf die beiden Jackenteile befestigen. Flicken mit einer Zackenschere zuschneiden und das Muster aufmalen.

4 Nun die Hände und Schuhe hinter dem entsprechenden Kleidungsstück plazieren.

5 Das Täubchen aus einem Schnitteil gestalten und die feinen Linien, das Auge und das Schnäbelchen mit Filzstift aufmalen. Das Täubchen auf der Hand festkleben.

6 Auf die rote Grundform des Schirms ein gelbes Schirmteil aufkleben. Dahinter den Stock befestigen. Mit der Lochzange kleine Punkte ausstanzen und anordnen. Nun den Schirm mit der Hand verbinden.

7 Auf den Kopf Mund- und Augenteil (ein Zuschnitt) und Nase aufkleben. Für die Augen Klebepunkte anbringen, Pupille, Mund und Herzchen werden gezeichnet. Das Haarteil auf dem Kopf anorden, darauf den Hut mit weißem Band und ausgestanztem Herzchen fixieren.

8 Kopf zusammen mit der Fliege auf dem Körper befestigen.

9 Das Einrad mit silbernen Speichen und Pedalen anfertigen und den Clown darauf plazieren.

Rasanter Skateboardfahrer

Material

- Tonkarton in Regenbogenfarbe, Blau, Grün, Haut, Weiß, Rot, Gelb, Schwarz

Hilfsmittel

- Lochzange
- Filz- oder Buntstifte

Vorlage E

❶ Sämtliche Einzelteile vom Vorlagebogen übertragen und ausschneiden.

❷ Hinter die Hose das Hemd kleben, dahinter die Hände und das Hals-Brustteil. Die Hose erhält gelbe Punkte mit Hilfe einer Lochzange.

❸ Das Haarteil hinter den Kopf plazieren, Mund- und Augenteil sowie Nase und Mütze aufkleben. Die Mütze vor dem Aufkleben bemalen.

❹ Den Kopf mit dem Körper verbinden, Hosenträger mit Knöpfen anbringen und hinter die Hosenbeine die Ringelsöckchen mit Schuhen kleben. Pupillen, Bäckchen und sonstige Feinheiten mit Filz- und Buntstiften aufzeichnen.

❺ Skateboard mit Rädern versehen und nun den fidelen Clown darauf plazieren.

Tip

Rote Bäckchen wirken am besten, wenn diese zart mit Buntstift aufgemalt und mit einem Wattestäbchen etwas verwischt werden.

Rasanter Skateboardfahrer

Material

- Tonkarton in Regenbogenfarbe, Blau, Grün, Haut, Weiß, Rot, Gelb, Schwarz

Hilfsmittel

- Lochzange
- Filz- oder Buntstifte

Vorlage E

1. Sämtliche Einzelteile vom Vorlagebogen übertragen und ausschneiden.

2. Hinter die Hose das Hemd kleben, dahinter die Hände und das Hals-Brustteil. Die Hose erhält gelbe Punkte mit Hilfe einer Lochzange.

3. Das Haarteil hinter den Kopf plazieren, Mund- und Augenteil sowie Nase und Mütze aufkleben. Die Mütze vor dem Aufkleben bemalen.

4. Den Kopf mit dem Körper verbinden, Hosenträger mit Knöpfen anbringen und hinter die Hosenbeine die Ringelsöckchen mit Schuhen kleben. Pupillen, Bäckchen und sonstige Feinheiten mit Filz- und Buntstiften aufzeichnen.

5. Skateboard mit Rädern versehen und nun den fidelen Clown darauf plazieren.

Tip
Rote Bäckchen wirken am besten, wenn diese zart mit Buntstift aufgemalt und mit einem Wattestäbchen etwas verwischt werden.

Zwei Meisterschwimmer

Material
- Tonkarton in Weiß, Haut, Lila, Rot, Orange, Gelb, Hellblau
- stabile Klarsichtfolie
- Klebepunkt, 8 mm ⌀

Hilfsmittel
- Filz- und Buntstifte

Vorlage F

Schwimmclown

❶ Sämtliche Einzelteile vom Vorlagebogen übertragen und ausschneiden. Das „Schwimmhemd“ zuerst mit Strichen und Punkten versehen, danach den Schwimmring mit Entchen aufkleben. Beim Entchen die Flügel und den Schnabel aufsetzen, der Rest wird gemalt.

❷ Hinter das „Schwimmhemd“ Hals-Brust- und Armteil (ein Zuschnitt) sowie die Schwimmflossen befestigen. Die Flossen erhalten kleine Einschnitte für die Zehen.

❸ Den Kopf separat gestalten. Dahinter die Haare anordnen, Mund- und Augenteile sowie die Nase und die Taucherbrille darauf festkleben. Hinter die Taucherbrille eine Klarsichtfolie kleben.

❹ Nun die restlichen Zeichnungen wie Pupillen, Bäckchen usw. mit Filz- und Buntstiften aufmalen.

Seehund

❶ Den Seehundkörper in einem Stück zusammen mit einer Flosse zuschneiden. Nun den Schwimmring ausschneiden und darauf die zweite Flosse fixieren.

❷ Den Klebepunkt für das Auge anbringen, Pupille und sonstige Ergänzungen mit dem Filzstift aufmalen.
Nun können beide zusammenfinden und mutig starten.

Tip

Wenn Sie Muster mit Bunt- oder Filzstiften auf ein Kleidungsstück aufmalen, ist es einfacher und meist auch schöner, wenn dies vor dem Zusammenkleben geschieht. So vermeiden Sie Ansatzpunkte und evtl. überzogene Linien.

Kräftemessen: Hau den Lukas!

Material

- Tonkarton in Regenbogenfarbe, Haut, Weiß, Schwarz, Gelb, Hellblau, Grün, Braun, Beige

Hilfsmittel

- Motivlocher Herzchen
- Lochzange
- Filz-, Lack- und Buntstifte

Vorlage G

❶ Sämtliche Einzelteile vom Vorlagebogen übertragen und ausschneiden.

❷ Hemd und Hose zusammenkleben, darauf den langen Mantel, die Hosenträger mit Knöpfchen und die Schleife mit ausgestanzten Herzchen und rotem Punkt anordnen.

❸ Den Kopf mit Mund- und Augenteil sowie mit Nase und Hut aufkleben. Das Haarteil dahinter befestigen.

❹ Jedes Hosenbein erhält von hinten den passenden Schuh. Den Hammer mit langem Stil hinter dem Arm plazieren.

❺ Feinheiten mit Filz-, Lack- und Buntstiften aufmalen.

❻ Den kleinen Hund aus einem Zuschnitt arbeiten. Das Ohr, das obere Beinchen und die Zunge aufsetzen, den Rest mit Filzstift aufmalen.

❼ Nun das Hündchen mit seinem Herrn verbinden.

Schlag zu mit Deinem großen Hammer, aber nicht auf mich!

Tip

Mit Motivlochern, die es in einer großen Auswahl im Handel gibt, können Sie feine filigrane Verzierungen gestalten, die man in dieser Größe selbst nicht oder nur sehr schwierig ausschneiden könnte. Das macht auch Kindern große Freude.

Mit dem Leiterwagen unterwegs

Material
- **Tonkarton in Regenbogenfarbe, Weiß, Haut, Orange, Braun, Schwarz**
- **Klebepunkte, 8 mm ∅**
- **Paillettensternchen**

Hilfsmittel
- **Filz-, Lack- und Buntstifte**

Vorlagen
H 1 und H 2

❶ Sämtliche Einzelteile vom Vorlagebogen übertragen und ausschneiden.

❷ Hinter das Clowngewand die Hände und Schuhe mit dem Pompon anordnen.

❸ Auf den Oberkörper den großen Kragen kleben, darauf den Kopf mit Mundteil, Nase, Klebepunkte für die Augen, Haare und Hut.

❹ Die Pupillen und sonstige Feinheiten aufmalen. Den Anzug mit Paillettensternchen verzieren.

❺ Den Leiterwagen mit Deichselteil und Deichsel sowie mit den Speichenrädern gestalten. Ein weiß-rot kariertes Bettzeug dahinterkleben.

❻ Der kleine Clown entsteht wie der große, jedoch hier das Gesichtchen ganz zeichnen und kleinere Sternchen aufkleben.

❼ Nun den kleinen Clown im Leiterwagen plazieren, dem großen Clown die Deichsel in die Hand geben, und schon kann's losgehen.

Tip
Bei Verwendung von Regenbogenkarton können Sie durch die verschiedenen Farbverläufe immer wieder neue Farben und Farbkombinationen verwenden. Legen Sie doch einfach spielerisch vor dem Aufzeichnen Ihre Vorlage auf die unterschiedlichen Verläufe.

Viele bunte Luftballons

Material

- **Tonkarton in Rot, Schwarz, Haut, Weiß, Lila, Grün, Gelb, Hellblau**
- **Klebepunkte, 12 mm ∅**

Hilfsmittel

- **Locher**
- **Filz-, Bunt- und Lackstifte**

Vorlage I

❶ Sämtliche Einzelteile vom Vorlagebogen übertragen und ausschneiden.

❷ Das Jackenteil zusammen mit der Hose verbinden. Ausgestanzte Punkte teilweise mit Karomuster bemalen und auf der Hose anordnen. Der Ärmel, mit dem dahintergeklebtem Handschuh, erhält ebenfalls ein Karomuster und wird wie die Schleife mit einem gelben Punkt auf der Jacke fixiert. Den zweiten Handschuh hinter dem angeschnittenen Armteil befestigen.

❸ Auf den Kopf das Mund- und Augenteil aus einem Schnitt festkleben, Nase und Hut mit Band anordnen, das Haarteil dahinter fixieren.

❹ Jedes Hosenbein erhält von hinten einen karierten Socken und einen Schuh.

❺ Pupillen, Punkte, Bäckchen und sonstige Einzelheiten mit Filz-, Bunt- und Lackstiften aufmalen.

❻ Die Luftballons ausschneiden und mit Klebepunkten für Augen und Nase versehen. Restliche Feinheiten mit Filzstiften aufmalen und jeweils mit einer dünnen Schnur stramm mit den Händen verbinden.

Tip

Die Motive können natürlich für große Fenster beliebig mit einem Kopierer vergrößert oder für Grußkarten und Tischdekorationen verkleinert werden. Größe der Klebepunkte und die der Stanzmotive müßten dann entsprechend geändert werden.

Manege frei für den Jongleur!

Material

- **Tonkarton in Regenbogenfarbe, Grün, Rot, Orange, Schwarz, Weiß**

Hilfsmittel

- **Kreisschneider**
- **Filz- oder Lackstifte**

Vorlage J

❶ Sämtliche Einzelteile vom Vorlagebogen übertragen und ausschneiden.

❷ Den Manegevorhang aus Regenbogentonkarton gestalten. Die Seitenteile mit jeweils einer Schleife versehen und das obere Vorhangteil darauf befestigen.

❸ Auf den Frack des Clowns Karos und Streifen aufzeichnen, Knöpfe aufkleben und die Hose in den Einschnitt am unteren Rand des Fracks stecken. Die Hose mit bunten Punkten, die mit Hilfe einer Lochzange entstehen, verzieren.

❹ Die Hände und Schuhe von der Rückseite aus ergänzen. Die Schuhe erhalten ein weißes aufgeklebtes Zierteil. Eine Schleife schmückt den lustigen Gesellen.

❺ Den Kopf mit Mund, Augenteil, Nase, Hut sowie dem dahintergeklebten Haarteil ebenfalls auf dem Körper befestigen.

❻ Abschließend die Ergänzungen mit Filz- oder Lackstift aufzeichnen, wie Pupillen, Punkte auf der Schleife, Schuhe usw.

❼ Die Jonglierbälle entstehen aus verschiedenen Regenbogenfarben mit Hilfe eines Kreisschneiders.

❽ Jetzt alles montieren, so daß die Schuhe die Verbindung zum Vorhang herstellen. Die Bälle am Vorhang und auf den Händen festkleben.

Die Musikanten sind da!

Material
- Tonkarton in Gelb, Lila, Haut, Grün, Orange, Schwarz, Grau, Rot, Hellblau, Weiß, Beige, Braun

Hilfsmittel
- Motivstanzer
- Lochzangen

Vorlage K

Clown mit Trompete

1. Sämtliche Einzelteile vom Vorlagebogen übertragen und ausschneiden.

2. Auf das Hosenteil die Jacke, darauf den Ärmel mit Hand befestigen.

3. Nun den Kopf gestalten: Das Mundteil, die Nase, Augenbrauen, Haare und darauf den Hut plazieren. Den Kopf, dann die Schleife aufkleben.

4. Nun fehlen nur noch die Trompete und die Schuhe. Beide Teile von hinten ergänzen.

5. Die Jacke noch mit ausgestanzten Monden verzieren, die Hose erhält aufgemalte Punkte.

6. Abschließend das Auge und sonstige Einzelheiten aufzeichnen.

Clown mit Bandonion

1. Die ausgeschnittenen Teile in folgender Reihenfolge zusammenkleben: bemaltes Hosenteil, darauf die Jacke, die Schleife, den Ärmel mit Hand und das Bandonion mit Halteriemen.

2. Nun folgt der Kopf mit Mundteil, Nase, Augenbrauen sowie Haarteil mit Hut und aufgeklebtem Band.

3. Hinter die Hosenbeine die Schuhe plazieren und die Knöpfe befestigen.

4. Augen und sonstige Ergänzungen aufzeichnen.

Übermütige Clownkinder

Material
- **Tonkarton in Gelb, Rot, Weiß, Orange, Haut, Grün, Schwarz, Hellblau**

Hilfsmittel
- **Lochzange**
- **Filz-, Lack- und Farbstifte**

Vorlage L

Clownkind mit Maus

① Sämtliche Einzelteile vom Vorlagebogen übertragen und ausschneiden.

② Auf die Hose das mit Streifen bemalte Hemdchen festkleben. Die Hände hinter die Ärmel plazieren.

③ Den Kopf mit Mund- und Augenteilen, Nase sowie Haare mit Hut auf dem Oberkörper fixieren.

④ Ringelsöckchen mit Schuhen hinter die Hosenbeine kleben. Die weiße Maus erhält ein aufgeklebtes Kopfteil und einen kleinen Punkt als Schnäuzchen. Nun wird sie dem Clown in die Hand geklebt.

Clownkind auf dem Rücken

① Die ausgeschnittenen Teile in folgender Reihenfolge zusammenkleben: Hose auf das Hemd, darauf die Hosenträger mit Knöpfen und hinter dem Ärmel die Hände befestigen.

② Auf den Kopf das Mund- und Augenteil, die Nase und Haare befestigen.

③ Verschiedene farbliche Ergänzungen wie Pupillen, Bäckchen usw. mit Filz-, Lack- und Farbstiften aufzeichnen. Dann die beiden Clownkinder an den Schuhen miteinander verbinden.

Tip

Wenn Sie das Motiv beidseitig gestalten möchten, kann bei Verwendung von dünnerem Tonpapier das Teil gleich doppelt ausgeschnitten werden. Sie sparen Zeit, und die Schnitteile passen exakt aufeinander.

Verliebte Clowns

Material

- **Tonkarton in Regenbogenfarbe, Haut, Rot, Lila, Gelb, Schwarz und Weiß**

Hilfsmittel

- **Motivstanzer**
- **Filz- und Buntstifte**

Vorlage M

Augustine

❶ Sämtliche Einzelteile vom Vorlagebogen übertragen und ausschneiden.

❷ Auf das Clownkleid das Herz, den Arm und darauf den Ärmel festkleben.

❸ Den Kopf mit den Mund- und Augenteilen, der Nase und dem Haarteil mit Schleifen gestalten und auf dem Oberkörper plazieren.

❹ Die großen Clownschuhe hinter das Kleid kleben.

❺ Mit ausgestanzten Herzchen das Clownkleid verzieren und die restlichen Bemalungen mit Filz- und Buntstiften vornehmen.

August

❶ Hinter das bereits bemalte Clownhemd Hals- und Brustteil (ein Zuschnitt) mit aufgeklebtem Kopf anbringen.

❷ Auf den Kopf Mund- und Augenteile sowie die Nase festkleben. Das Haarteil hinter dem Kopf befestigen.

❸ Einen Arm hinter den angeschnittenen Ärmel kleben, den zweiten Arm auf dem Körper plazieren und den separat ausgeschnittenen Ärmel darauf anordnen. Vor dem Festkleben der Arme jedoch noch eine dreiteilige Blume darunter befestigen.

❹ Die Schuhe ebenfalls hinter dem Clowngewand fixieren.

❺ Abschließend die restlichen Feinheiten, wie Augen, Augenbrauen usw., aufzeichnen. Jetzt können die beiden etwas näher zusammenrücken.

Neben dieser Auswahl aus der Brunnen-Reihe haben wir noch viele andere Bücher im Programm. Wir informieren Sie gerne - fordern Sie einfach unsere neuen Prospekte an:

- <u>Bücher für Ihre Kinder:</u> Basteln, Spielen und Lernen mit Kindern
- <u>Bücher für Ihre Hobbys:</u> Stoff und Seidenmalerei, Malen und Zeichnen, Keramik, Floristik
- <u>Bücher zum textilen Handarbeiten:</u> Sticken, Häkeln und Patchwork

Wir sind für Sie da, wenn Sie Fragen zu AutorInnen, Anleitungen oder Materialien haben.
Und wir interessieren uns für Ihre eigenen Ideen und Anregungen. Faxen, schreiben Sie oder rufen Sie uns an.
Wir hören gerne von Ihnen! Ihr Christophorus-Verlag

CHRISTOPHORUS
Bücher mit Ideen

Hermann-Herder-Str. 4 / 79104 Freiburg i. Breisgau

Tel: 0761/2717-268 oder Fax: 0761/2717-352